2018年
四川省生态环境
质量状况

四川省生态环境厅／编

四川大学出版社

项目策划：毕 潜
责任编辑：毕 潜
责任校对：周维彬
封面设计：墨创文化
责任印制：王 炜

图书在版编目（CIP）数据

2018 年四川省生态环境质量状况 / 四川省生态环境
厅编 . — 成都：四川大学出版社，2020.3
　ISBN 978-7-5690-3709-8

Ⅰ . ① 2… Ⅱ . ①四… Ⅲ . ①生态环境－环境质量评
价－研究－四川－ 2018 Ⅳ . ① X821.271

中国版本图书馆 CIP 数据核字 (2020) 第 038558 号

书名　　2018 年四川省生态环境质量状况

编　　者	四川省生态环境厅
出　　版	四川大学出版社
地　　址	成都市一环路南一段 24 号（610065）
发　　行	四川大学出版社
书　　号	ISBN 978-7-5690-3709-8
印前制作	墨创文化
印　　刷	四川盛图彩色印刷有限公司
成品尺寸	210mm×285mm
印　　张	3.5
字　　数	117 千字
版　　次	2020 年 3 月第 1 版
印　　次	2020 年 3 月第 1 次印刷
定　　价	68.00 元

版权所有 ◆ 侵权必究

◆ 读者邮购本书，请与本社发行科联系。
　电话：(028)85408408/(028)85401670/
　(028)86408023　邮政编码：610065
◆ 本社图书如有印装质量问题，请寄回出版社调换。
◆ 网址：http://press.scu.edu.cn

四川大学出版社
微信公众号

编委会名单

主　任　于会文

副主任　董晓辉

委　员　方自力　陈　权　史　箴

主　编　方自力　史　箴

副主编　周　淼

编　委　史　箴　周　淼　任朝辉　张秋劲　王晓波　全　利
　　　　　向秋实　李贵芝　胡　婷　徐　亮　易　灵

绘　图　向秋实　周　淼

◎ **参加编写人员：**

市（州）环境监测（中心）站以行政区划代码为序

刘　灿（成都市环境监测中心站）　　陈昌华（自贡市环境监测中心站）

龚兴涛（攀枝花市环境监测中心站）　彭　可（泸州市环境监测中心站）

杨　贤（德阳市环境监测中心站）　　梁帮强（绵阳市环境监测中心站）

张　磊（广元市环境监测中心站）　　蒋书琴（遂宁市环境监测中心站）

宋　丽（内江市环境监测中心站）　　陈　丹（乐山市环境监测中心站）

舒　丽（南充市环境监测中心站）　　张念华（眉山市环境监测中心站）

帅　闯（宜宾市环境监测中心站）　　杨　娟（广安市环境监测站）

张　余（达州市环境监测中心站）　　周钰人（雅安市环境监测中心站）

张　帆（巴中市环境监测中心站）　　刘　平（资阳市环境监测中心站）

龙瑞凤（阿坝州环境监测中心站）　　王清艳（甘孜州环境监测中心站）

苏永洁（凉山州环境监测中心站）

◎ **主编单位：**

四川省生态环境监测总站

◎ **资料提供单位：**

各市（州）环境监测（中心）站

前 言
QIANYAN

　　为了向公众提供可读性强、适用性好、通俗易懂的环境质量信息，向政府和有关部门提供简单明了的综合分析报告和决策依据，我们编写了《2018年四川省生态环境质量状况》。本书以四川省21个市（州）开展的城市环境空气、大气降水、地表水、城市集中式饮用水水源地、城市声环境、生态环境监测数据为基础，通过科学的分析和评价形成。

　　本书以简洁的语言、形象生动的图画展示了2018年四川省城市环境空气、大气降水、六大水系地表水、市（州）及县（市、区）政府所在地城镇集中式饮用水水源地水质、城市声环境质量和生态环境质量状况，还分别展示了21个市（州）的环境质量状况。本书基本厘清了2018年四川省生态环境质量状况，是公众了解生态环境质量的有益读本，是环境管理和环境科研的有益资料。

　　本书是集体智慧的结晶，在此我们感谢所有参与监测的人员和单位，感谢四川大学出版社在出版过程中给予的大力支持和帮助。

编　者

2019年8月

目 录
MULU

一、四川省生态环境质量状况

四川省生态环境质量概况

六大水系中，黄河干流（四川段）、长江干流（四川段）、金沙江水系、嘉陵江水系、岷江干流水质为优，沱江干流水质为良好，岷江支流、沱江支流受到轻度污染。

全省42个市级集中式饮用水水源地取水总量为188737.40万吨，达标水量为188697.40万吨，水质达标率为99.9%。150个县的235个（包括地下水型和地表水型）县级集中式饮用水水源地取水总量为119010.49万吨，达标水量为118011.19万吨，水质达标率为99.2%。

2018年全省城市环境空气质量总体达标天数比例为84.0%，其中优占29.8%，良占54.2%；总体污染天数比例为16.0%，其中轻度污染为12.9%，中度污染为2.3%，重度污染为0.7%。

全省酸雨污染总体持平，47.6%的城市出现过酸雨。

全省城市区域声环境昼间质量状况总体较好，夜间质量状况一般；道路交通声环境质量总体较好；城市各功能区噪声昼间达标率为92.6%，夜间达标率为77.1%。

全省生态环境状况指数为71.6，生态环境质量为"良"。全省21个市（州）生态环境质量为"优"的有4个，占全省总面积的21.5%，占市域数量的19.0%；生态环境质量为"良"的有17个，占全省总面积的78.5%，占市域数量的81.0%。

各环境要素质量状况

水环境质量状况
——河流水质概况

六大水系中，黄河干流（四川段）、长江干流（四川段）、金沙江水系、嘉陵江水系、岷江干流水质为优，沱江干流水质为良好，岷江支流、沱江支流受到轻度污染。

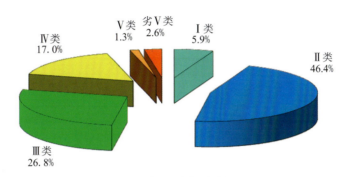

2018年河流水质类别比例

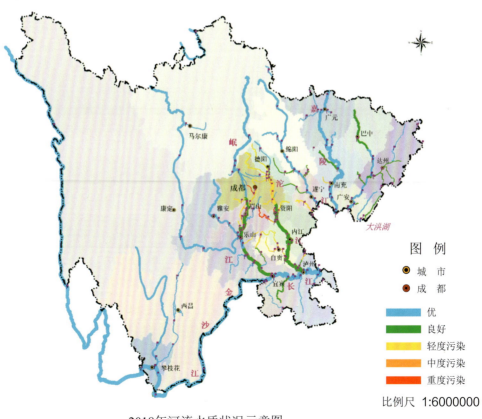

图 例

◎ 城 市
◉ 成 都

优
良好
轻度污染
中度污染
重度污染

比例尺 1:6000000

2018年河流水质状况示意图

水环境质量状况
——黄河干流、长江干流、金沙江水系水质状况

黄河干流水质为优。

长江干流水质为优。

金沙江水系水质为优。

赤水河、南广河、永宁河、御临河水质均为优。

长宁河、大洪河水质为良好。

11个国、省控断面水质均为优良。

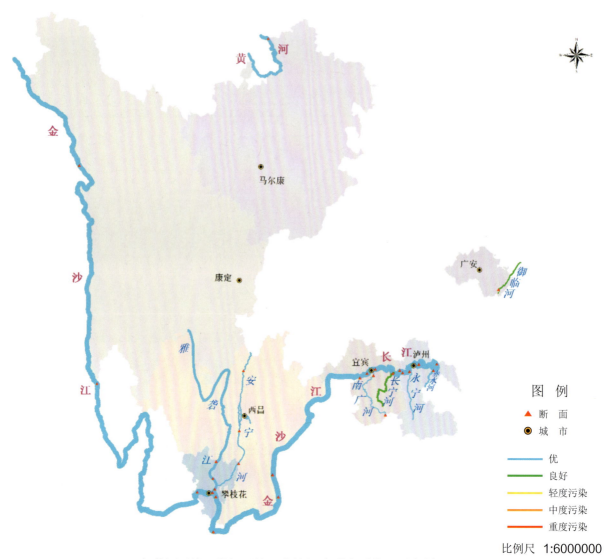

2018年黄河干流、长江干流、金沙江水系水质状况示意图

比例尺 1:6000000

水环境质量状况
——岷江水系水质状况

岷江干流水质为优，13个断面均为Ⅰ～Ⅲ类水质。

岷江支流江安河、体泉河受到重度污染，毛河受到中度污染，府河、新津南河、金牛河、思蒙河以及茫溪河受到轻度污染，其余河流水质为优良。

39个国、省控断面中，优良（Ⅰ～Ⅲ类）水质为74.4%。

2018年岷江水系水质状况示意图

水环境质量状况
——沱江水系水质状况

沱江干流水质为良好，14个断面中，达到或好于Ⅲ类水质的断面占85.7%。三皇庙至宏缘段受到总磷的轻度污染，其余江段水质均为良好。

沱江支流九曲河受到重度污染，球溪河受到中度污染，石亭江、鸭子河、中河、毗河、阳化河、绛溪河、旭水河、威远河、釜溪河、濑溪河受到轻度污染，绵远河、北河、青白江水质为优良。

36个国、省控断面中，优良（Ⅰ～Ⅲ类）水质为47.2%。

2018年沱江水系水质状况示意图

水环境质量状况
——嘉陵江水系水质状况

嘉陵江干流水质为优。

嘉陵江支流西充河、琼江受到轻度污染，其余河流水质均为优良。

48个国、省控断面中，优良（Ⅰ～Ⅲ类）水质为93.8%。

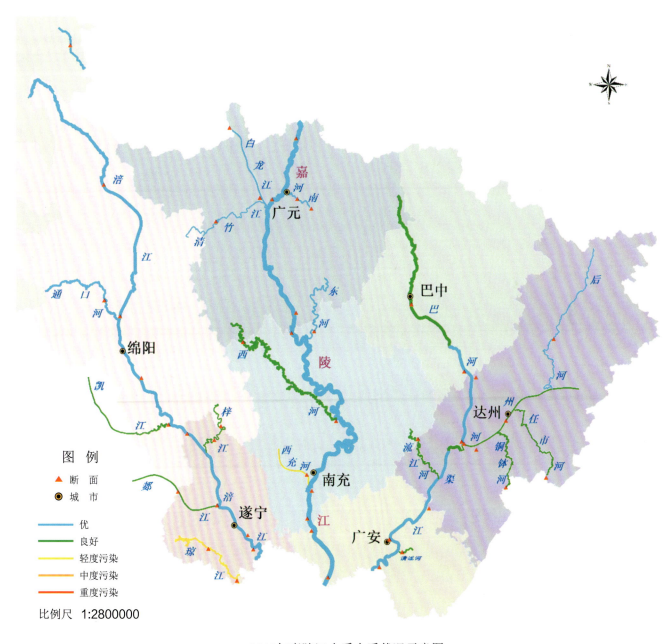

图 例
- ▲ 断面
- ◎ 城市

- 优
- 良好
- 轻度污染
- 中度污染
- 重度污染

比例尺 1:2800000

2018年嘉陵江水系水质状况示意图

水环境质量状况
——湖库水质状况

泸沽湖、邛海、二滩水库、双溪水库、升钟水库、白龙湖水质为优。

黑龙滩水库、瀑布沟水库、紫坪铺水库、老鹰水库、鲁班水库、三岔湖水质为良好。

大洪湖受到轻度污染。

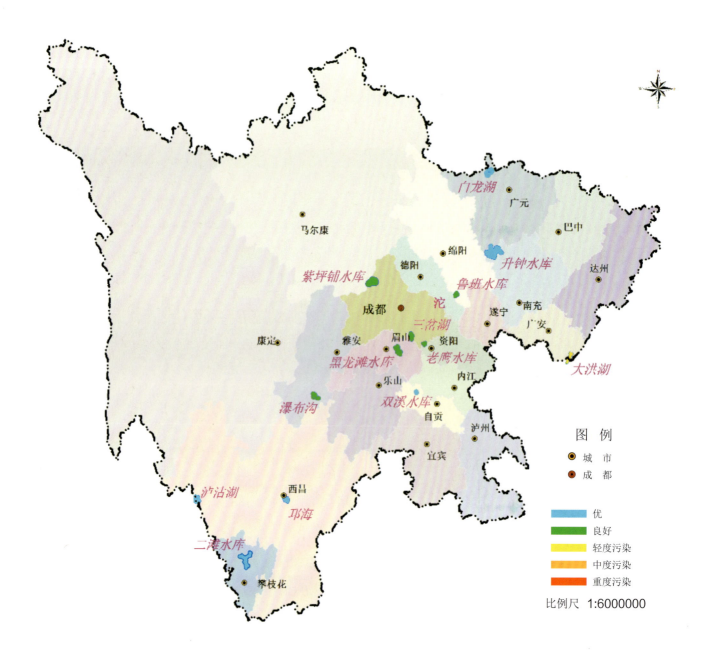

2018年湖库水质状况示意图

水环境质量状况
——湖库营养状况

泸沽湖、二滩水库、白龙湖为贫营养。

邛海、黑龙滩水库、瀑布沟水库、紫坪铺水库、三岔湖、双溪水库、鲁班水库、升钟水库为中营养。

老鹰水库、大洪湖为轻度富营养。

2018年湖库营养状况分布图

水环境质量状况
——市级集中式饮用水水源地水质状况

42个城市集中式饮用水水源地取水总量为188737.40万吨，达标水量为188697.40万吨，水质达标率为99.9%。

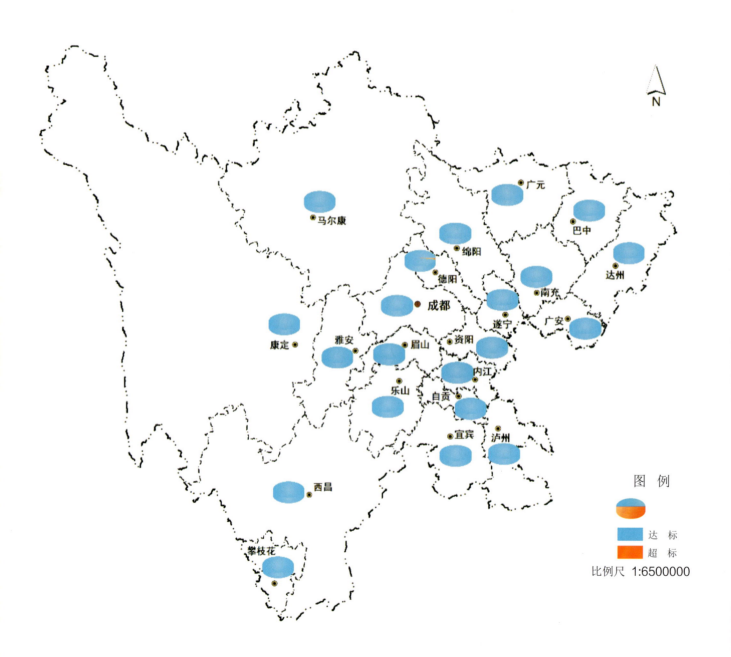

2018年市级集中式饮用水水源地水质状况示意图

水环境质量状况
——县级集中式饮用水水源地水质状况

150个县的235个县级集中式饮用水水源地取水总量为119010.49万吨，达标水量为118011.19万吨，水质达标率为99.2%。

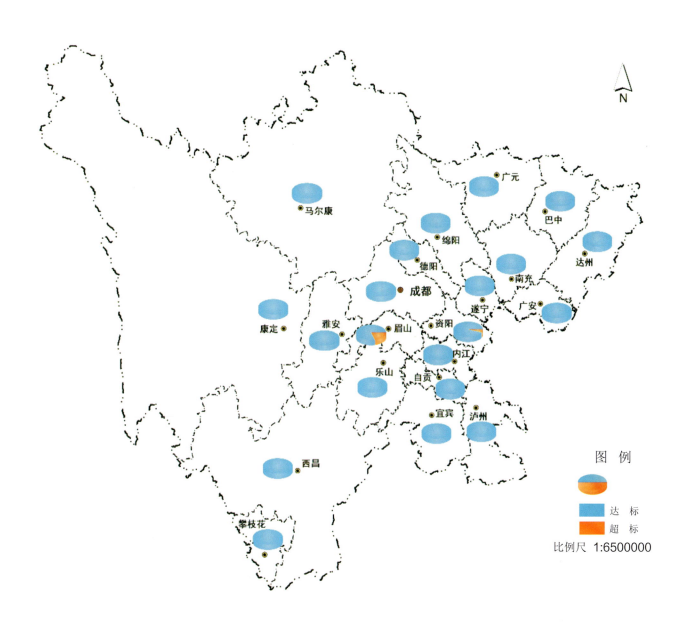

2018年县级集中式饮用水水源地水质状况示意图

环境空气质量状况
——环境空气质量概况

2018年，全省城市环境空气环境质量总体达标天数比例为84.0%，其中优为29.8%，良为54.2%；总体污染天数比例为16.0%，其中轻度污染为13.0%，中度污染为2.3%，重度污染为0.7%。

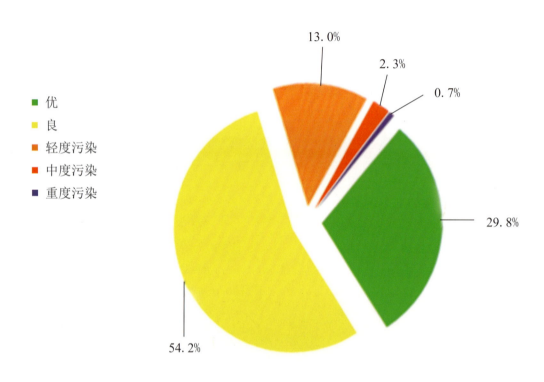

优
良
轻度污染
中度污染
重度污染

2018年城市环境空气质量级别比例

环境空气质量状况
——二氧化硫浓度

全省21个市（州）城市二氧化硫（SO_2）年平均浓度为12.2微克/立方米，达到一级标准。

二氧化硫（SO_2）年平均浓度达到二级标准的有成都、绵阳、德阳、眉山等21个城市。

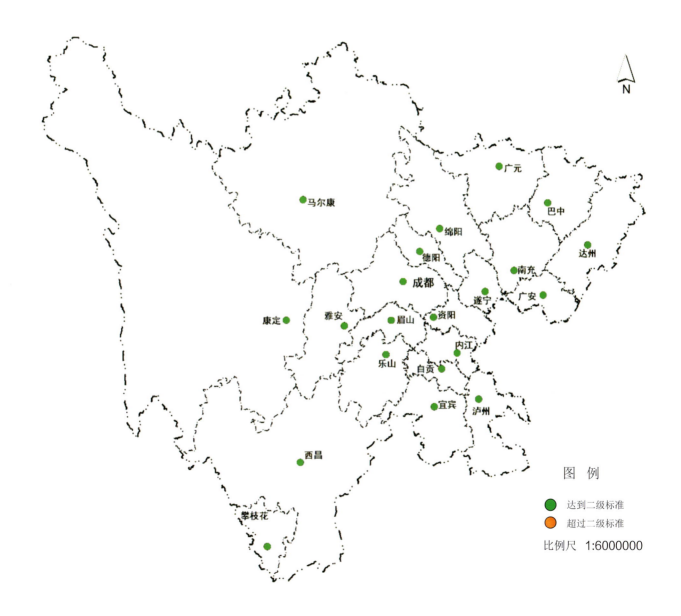

2018年二氧化硫年平均浓度分布示意图

环境空气质量状况
——二氧化氮浓度

全省21个市（州）城市二氧化氮（NO$_2$）年平均浓度为30.1微克/立方米，达到二级标准。

二氧化氮（NO$_2$）年平均浓度达到二级标准的有广元、绵阳、德阳、巴中等20个城市。

二氧化氮（NO$_2$）年平均浓度超过二级标准的城市有成都。

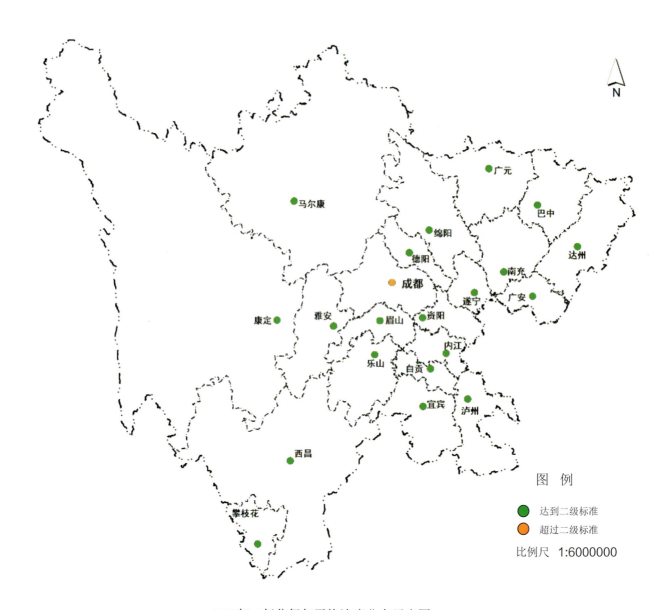

2018年二氧化氮年平均浓度分布示意图

环境空气质量状况
——颗粒物（PM$_{10}$）浓度

21个市（州）城市颗粒物（PM$_{10}$）年平均浓度为62.6微克/立方米，达到二级标准。

颗粒物（PM$_{10}$）年平均浓度达到二级标准的有马尔康、康定、西昌、雅安、内江、遂宁、广元、巴中、攀枝花等14个城市。

颗粒物（PM$_{10}$）年平均浓度超过二级标准的有成都、自贡、德阳、绵阳、南充、宜宾、达州7个城市。

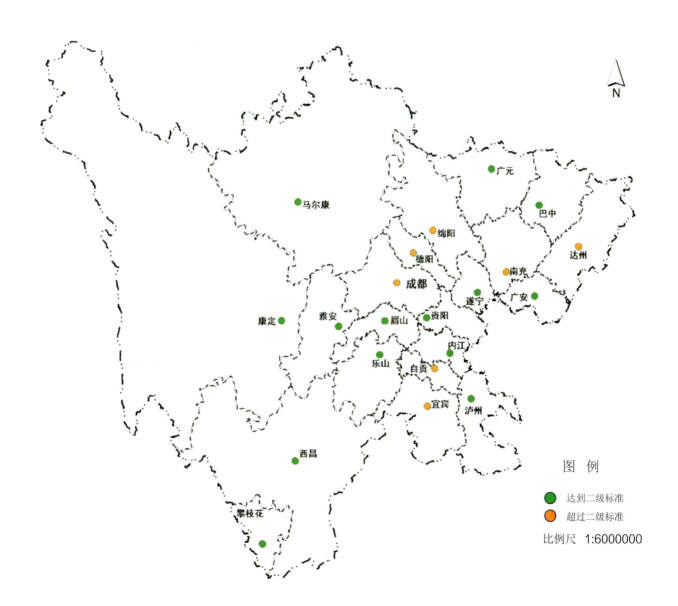

2018年颗粒物（PM$_{10}$）年平均浓度分布示意图

环境空气质量状况
——颗粒物（PM$_{2.5}$）浓度

全省21个市（州）城市颗粒物（PM$_{2.5}$）年平均浓度为38.6微克/立方米，超过二级标准。

颗粒物（PM$_{2.5}$）年平均浓度达到二级标准的城市有马尔康、康定、广元、西昌、巴中。

颗粒物（PM$_{2.5}$）年平均浓度超过二级标准的有成都、德阳、绵阳、资阳等16个城市。

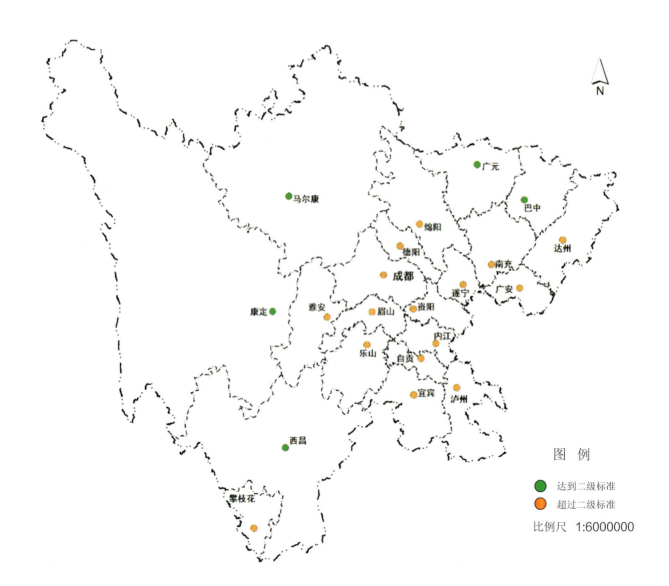

图　例

● 达到二级标准
● 超过二级标准

比例尺　1:6000000

2018年颗粒物（PM$_{2.5}$）年平均浓度分布示意图

环境空气质量状况
——一氧化碳浓度

全省21个市（州）城市一氧化碳（CO）日平均第95百分位浓度为1.3毫克/立方米，达到一级标准/二级标准。

一氧化碳（CO）日平均第95百分位浓度达到一级标准/二级标准的有成都、绵阳、德阳、眉山等21个城市。

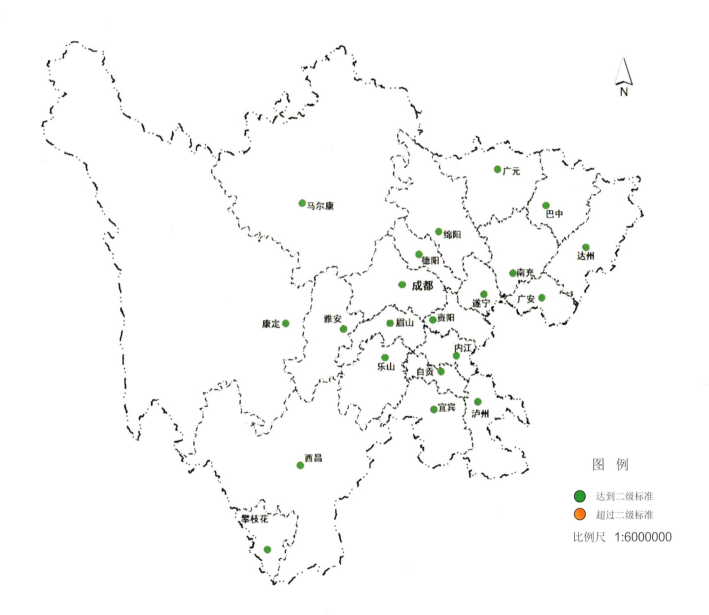

2018年一氧化碳日平均第95百分位浓度分布示意图

环境空气质量状况
——臭氧浓度

全省21个市（州）城市臭氧日最大8小时值第90百分位浓度为144.4微克/立方米，达到二级标准。

臭氧日最大8小时值第90百分位浓度达到二级标准的有马尔康、康定、西昌、攀枝花等18个城市。

臭氧日最大8小时值第90百分位浓度超过二级标准的城市有成都、眉山、自贡。

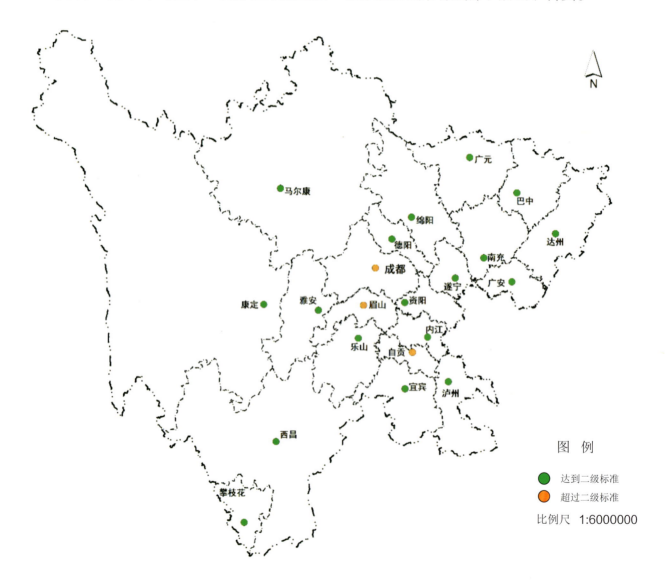

图　例

● 达到二级标准

● 超过二级标准

比例尺　1:6000000

2018年臭氧日最大8小时值第90百分位浓度分布示意图

降水状况

——降水pH、酸雨频率

21个市（州）城市降水pH年均值为5.78。降水pH年均值小于5.6的城市有4个，占总数的19.0%。自贡、攀枝花、德阳、泸州为轻酸雨区。

21个市（州）城市中，有10个城市出现过酸雨，占47.6%。

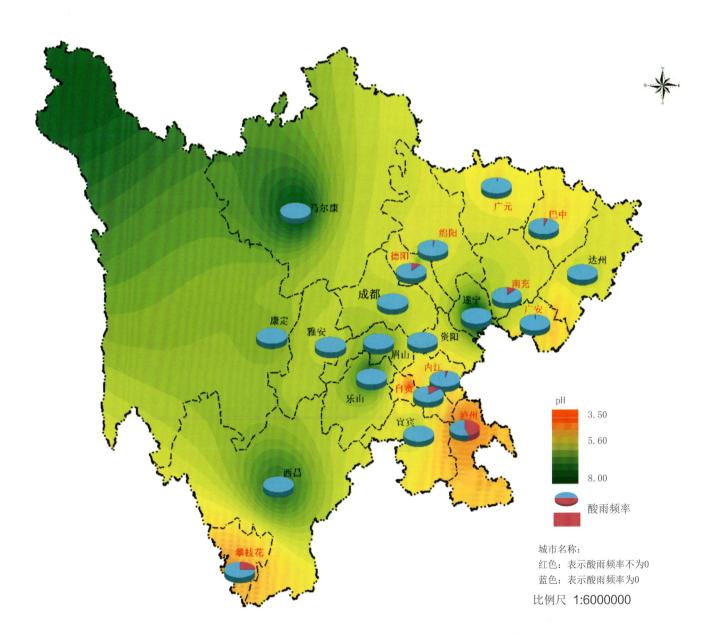

2018年酸雨区域分布示意图

声环境质量状况
——城市区域声环境质量

全省21个市（州）城市区域声环境昼间质量状况总体较好，夜间质量状况一般。昼间区域声环境质量状况属于较好的有15个，占71.4%；属于一般的有6个，占28.6%。夜间区域声环境质量状况属于较好的有10个，占47.6%；属于一般的有11个，占52.4%。

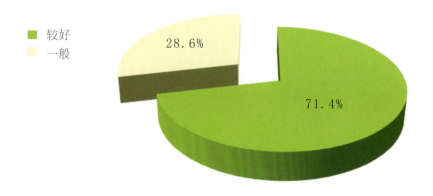

- 较好
- 一般

28.6%

71.4%

2018年城市区域声环境昼间质量状况

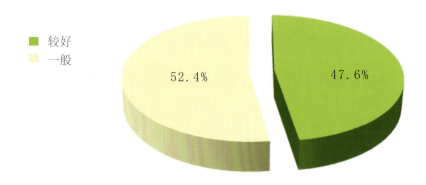

- 较好
- 一般

52.4%

47.6%

2018年城市区域声环境夜间质量状况

声环境质量状况

——城市道路交通声环境质量

全省21个市（州）城市道路交通声环境质量总体较好。昼间道路交通声环境质量状况属于好的有11个，占52.4%；属于较好的有5个，占23.8%；属于一般的有5个，占23.8%。夜间道路交通声环境质量状况属于好的有12个，占57.2%；属于较好的有2个，占9.5%；属于一般的有2个，占9.5%；属于较差的有2个，占9.5%；属于差的有3个，占14.3%。

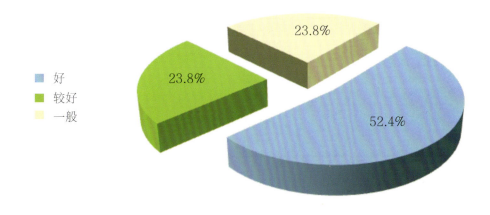

2018年城市昼间道路交通声环境质量状况

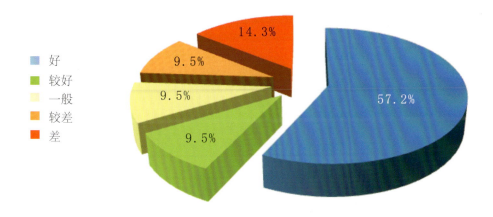

2018年城市夜间道路交通声环境质量状况

声环境质量状况
——城市功能区声环境质量

全省各类功能区噪声昼间达标率为92.6%，夜间达标率为77.1%。各类功能区昼间达标率均比夜间高，3类区昼间达标率最高，为99.1%，4类区夜间噪声超标较重。

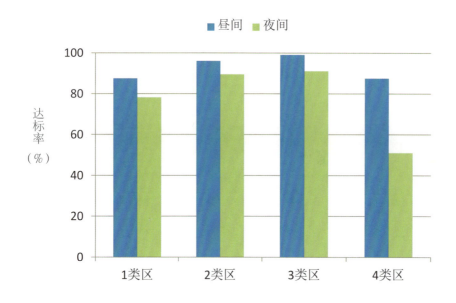

2018年各类功能区噪声监测点次达标率

生态环境质量状况

全省生态环境状况指数为71.6，生态环境质量为"良"。全省21个市（州）生态环境质量为"优"的有4个，占全省总面积的21.5%，占市域数量的19.0%；生态环境质量为"良"的有17个，占全省总面积的78.5%，占市域数量的81.0%。

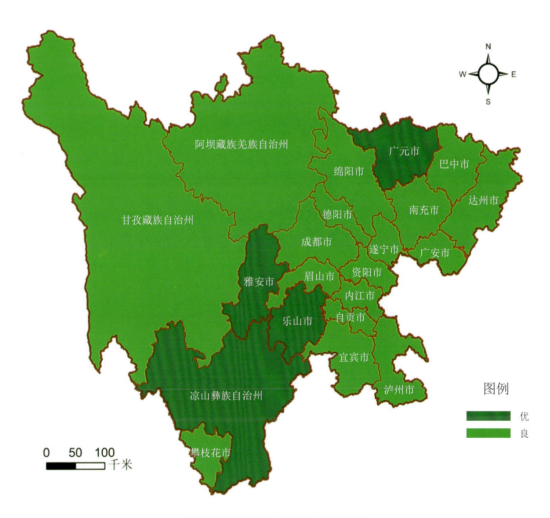

2018年生态环境质量状况分布示意图

21GE SHI(ZHOU)
HUANJING ZHILIANG ZHUANGKUANG

二、21个市（州）环境质量状况

成都市环境质量状况

水环境 地表水总体水质为轻度污染。11个国、省控断面中，优良（Ⅰ～Ⅲ类）水质为27.3%。江安河二江寺断面为重度污染，府河永安大桥断面和黄龙溪断面、新津南河老南河大桥断面、沱江干流三皇庙断面和宏缘断面、毗河二桥断面、绛溪河爱民桥断面为轻度污染。

紫坪铺水库、三岔湖水质为良好。

城区（锦江区、武侯区、成华区、青羊区、金牛区）、温江区、青白江区、郫都区、金堂县、双流区、大邑县、蒲江县、新津县、新都区、龙泉驿区、都江堰市、彭州市、邛崃市、崇州市、简阳市饮用水水源地水质达标率均为100%。

环境空气 优良天数比例为68.8%，二氧化氮、颗粒物（PM_{10}）、颗粒物（$PM_{2.5}$）、臭氧超标。

非酸雨区，降水pH年均值为6.45。

声环境 区域声环境昼间和夜间质量状况均为一般。道路交通声环境昼间质量状况为较好，夜间质量状况为较差。功能区噪声昼间点次达标率为75.0%，夜间点次达标率为47.4%。

生态环境 生态环境质量为"良"。

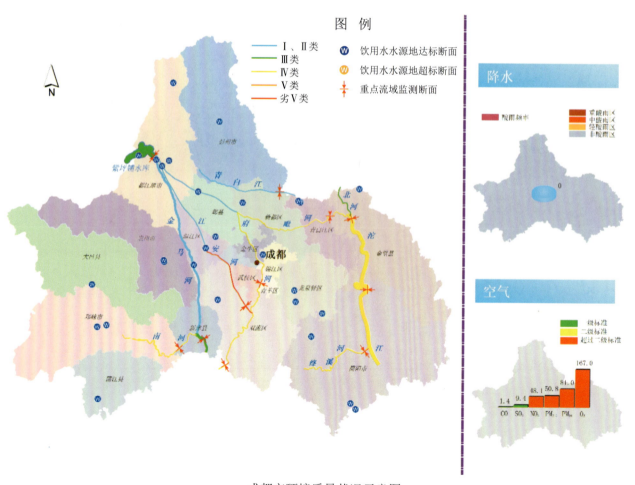

成都市环境质量状况示意图

德阳市环境质量状况

水环境 地表水总体水质为轻度污染。9个国、省控断面中，优良（Ⅰ～Ⅲ类）水质为55.6%。中河清江桥断面和清江大桥断面、石亭江双江桥断面、鸭子河三川断面为轻度污染。

城区（旌阳区）饮用水水源地水质达标率为99.3%，西郊水厂取水点水质未达标，超标项目为锰。中江县、罗江区、绵竹市、广汉市、什邡市饮用水水源地水质达标率均为100%。

环境空气 优良天数比例为75.6%，颗粒物（PM₁₀）、颗粒物（PM₂.₅）超标。

轻酸雨区，降水pH年均值为5.39。

声环境 区域声环境昼间和夜间质量状况均为较好。道路交通声环境昼间和夜间质量状况均为好。功能区噪声昼间点次达标率为100%，夜间点次达标率为75.0%。

生态环境 生态环境质量为"良"。

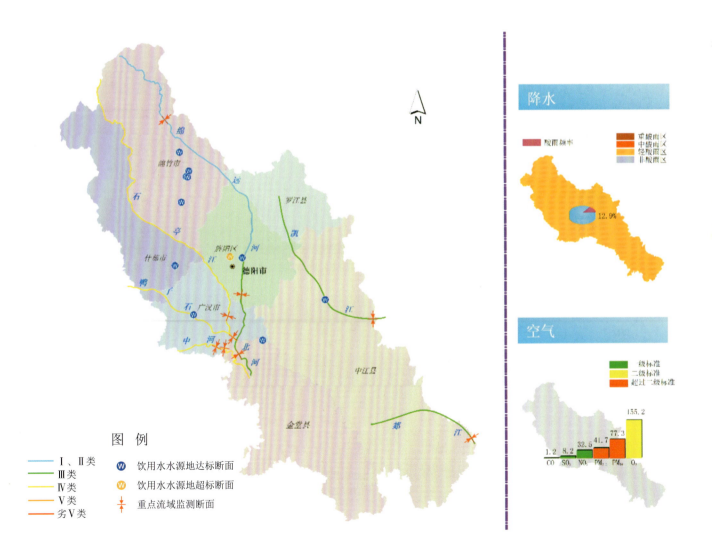

德阳市环境质量状况示意图

绵阳市环境质量状况

水环境 地表水总体水质为优。8个国、省控断面中，优良（Ⅰ～Ⅲ类）水质为100%。

鲁班水库水质为良好。

城区（涪城区和游仙区）、三台县、盐亭县、梓潼县、平武县、北川羌族自治县、安州区和江油市饮用水水源地水质达标率为100%。

环境空气 优良天数比例为76.4%，颗粒物（PM₁₀）、颗粒物（PM₂.₅）超标。

非酸雨区，降水pH年均值为6.24。

声环境 区域声环境昼间和夜间质量状况均为一般。道路交通声环境昼间和夜间质量状况均为一般。功能区噪声昼间点次达标率为100%，夜间点次达标率为80.0%。

生态环境 生态环境质量为"良"。

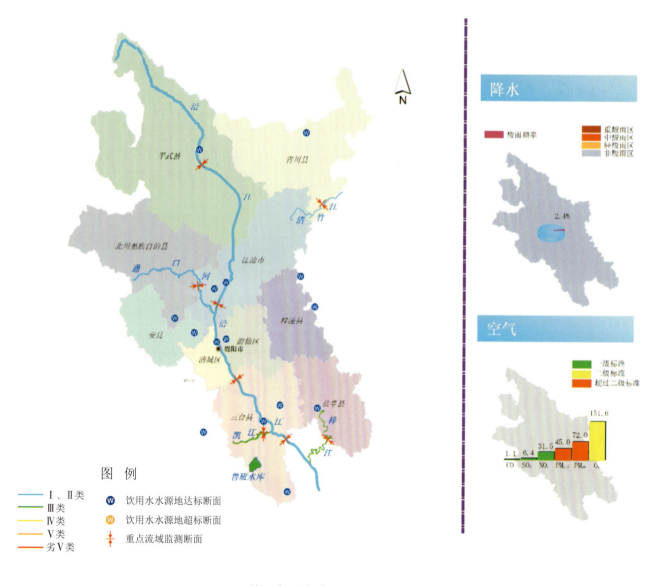

绵阳市环境质量状况示意图

广元市环境质量状况

水环境　地表水总体水质为优。10个国、省控断面中，优良（Ⅰ～Ⅲ类）水质为100%,。白龙湖水质为优。

城区（利州区）、朝天区、昭化区、旺苍县、青川县、剑阁县和苍溪县饮用水水源地水质达标率均为100%。

环境空气　空气质量为Ⅱ级，优良天数比例为94.3%。

非酸雨区，降水pH年均值为6.10。

声环境　区域声环境昼间和夜间质量状况均为较好。道路交通声环境昼间质量状况为较好，夜间质量状况为较差。功能区噪声昼间点次达标率为100%，夜间点次达标率为82.1%。

生态环境　生态环境质量为"优"。

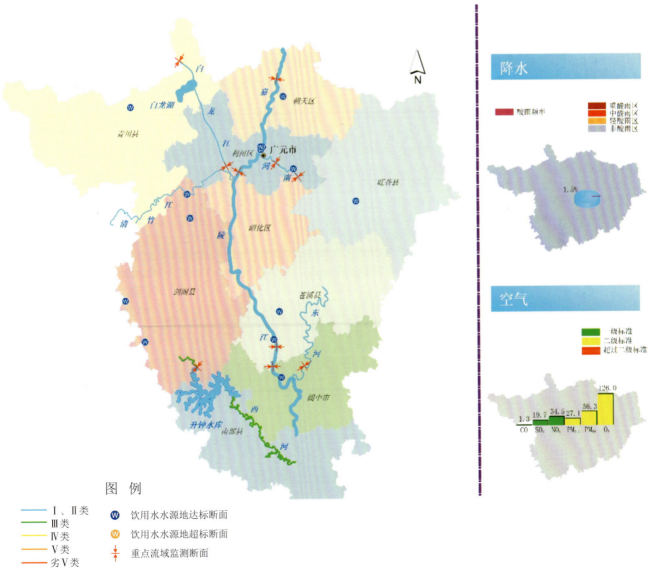

广元市环境质量状况示意图

巴中市环境质量状况

水环境　地表水总体水质为优。2个国、省控断面中，江陵断面水质为优，手傍岩断面水质为良好。

城区（巴州区）、恩阳区、通江县、南江县和平昌县饮用水水源地水质达标率均为100%。

环境空气　空气质量为Ⅱ级，优良天数比例为94.0%。

非酸雨区，降水pH年均值为6.06。

声环境　区域声环境昼间和夜间质量状况均为一般。道路交通声环境昼间和夜间质量状况均为较好。功能区噪声昼间点次达标率为100%，夜间点次达标率为100%。

生态环境　生态环境质量为"良"。

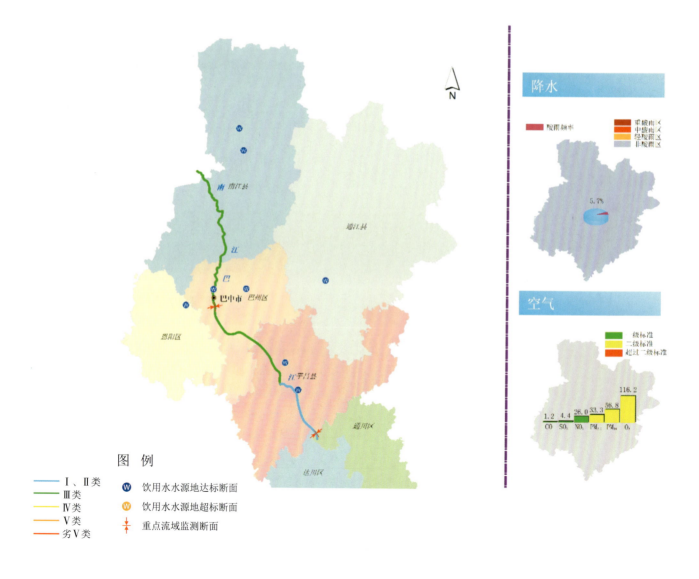

巴中市环境质量状况示意图

自贡市环境质量状况

水环境　地表水总体水质为轻度污染。9个国、省控断面中，良好（Ⅲ类）水质为55.6%。旭水河雷公滩断面和釜溪河双河口断面、碳研所断面、邓关断面均为轻度污染。

双溪水库水质为优。

城区（自流井区、贡井区和大安区）、沿滩区、荣县和富顺县饮用水水源地水质达标率均为100%。

环境空气　优良天数比例为64.1%，颗粒物（PM_{10}）、颗粒物（$PM_{2.5}$）、臭氧超标。

轻酸雨区，降水pH年均值为5.52。

声环境　区域声环境昼间和夜间质量状况均为一般。道路交通声环境昼间和夜间质量状况均为一般。功能区噪声昼间点次达标率为95.0%，夜间点次达标率为86.7%。

生态环境　生态环境质量为"良"。

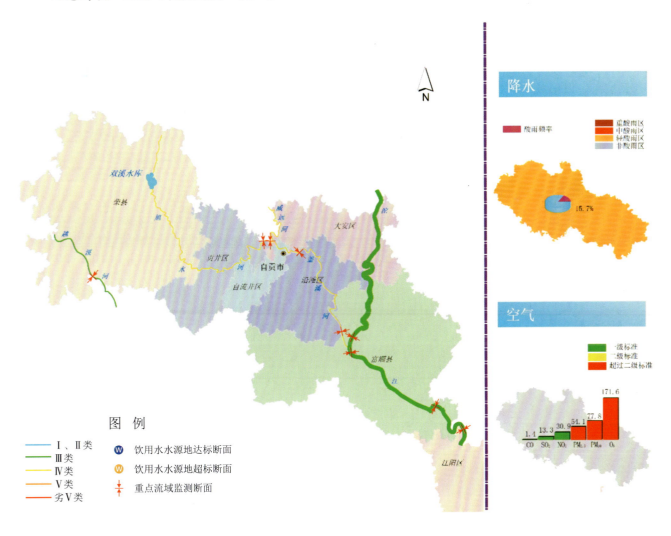

自贡市环境质量状况示意图

攀枝花市环境质量状况

水环境　地表水总体水质为优。7个国、省控断面中，优（Ⅰ～Ⅱ类）水质为100%。二滩水库水质为优。

城区（东区和西区）、仁和区、米易县、盐边县饮用水水源地水质达标率均为100%。

环境空气　优良天数比例为97.8%，颗粒物（$PM_{2.5}$）超标。

轻酸雨区，降水pH年均值为5.43。

声环境　区域声环境昼间质量状况为较好，夜间质量状况为一般。道路交通声环境昼间质量状况为较好，夜间质量状况为差。功能区噪声昼间点次达标率为100%，夜间点次达标率为55.0%。

生态环境　生态环境质量为"良"。

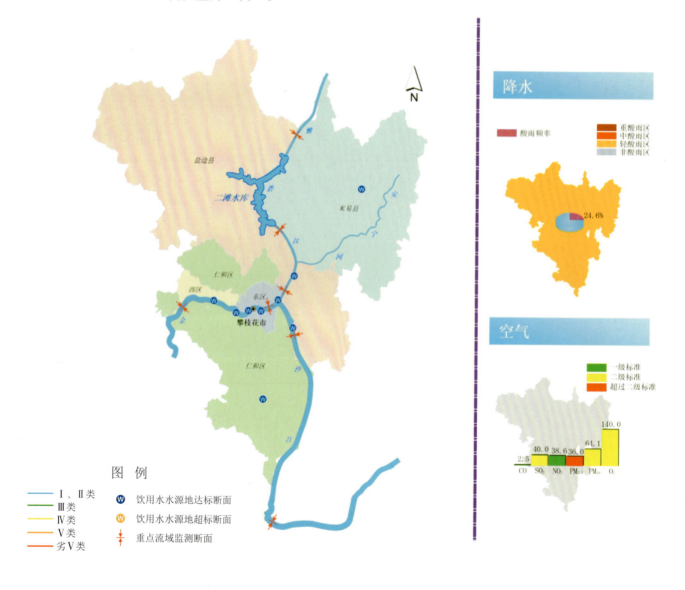

攀枝花市环境质量状况示意图

泸州市环境质量状况

水环境 地表水总体水质为良好。7个国、省控断面中，优良（Ⅱ～Ⅲ类）水质为85.7%。濑溪河的高洞电站断面为轻度污染。

城区（江阳区、龙马潭区和泸县）、纳溪区、合江县、叙永县、古蔺县饮用水水源地水质达标率均为100%。

环境空气 优良天数比例为83.6%，颗粒物（PM$_{2.5}$）超标。

轻酸雨区，降水pH年均值为5.10。

声环境 区域声环境昼间质量状况为较好，夜间质量状况为一般。道路交通声环境昼间质量状况为一般，夜间质量状况为差。功能区噪声昼间点次达标率为75.0%，夜间点次达标率为53.6%。

生态环境 生态环境质量为"良"。

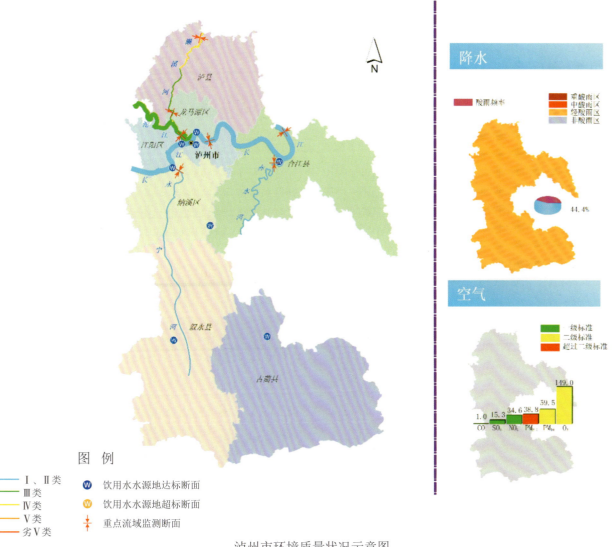

泸州市环境质量状况示意图

遂宁市环境质量状况

水环境　地表水总体水质为良好。5个国、省控断面中，优良（Ⅱ～Ⅲ类）水质断面为80.0%。琼江的光辉（大安）断面为轻度污染。

城区（船山区）、安居区、蓬溪县、大英县、射洪县饮用水水源地水质达标率均为100%。城区备用水源地黑龙凼取水口部分时段总磷、高锰酸盐指数超标，目前该水源地暂未取水。

环境空气　优良天数比例为89.3%%，颗粒物（PM$_{2.5}$）超标。

非酸雨区，降水pH年均值为7.45。

声环境　区域声环境昼间和夜间质量状况均为较好。道路交通声环境昼间和夜间质量状况均为好。功能区噪声昼间点次达标率为96.4%，夜间点次达标率为78.6%。

生态环境　生态环境质量为"良"。

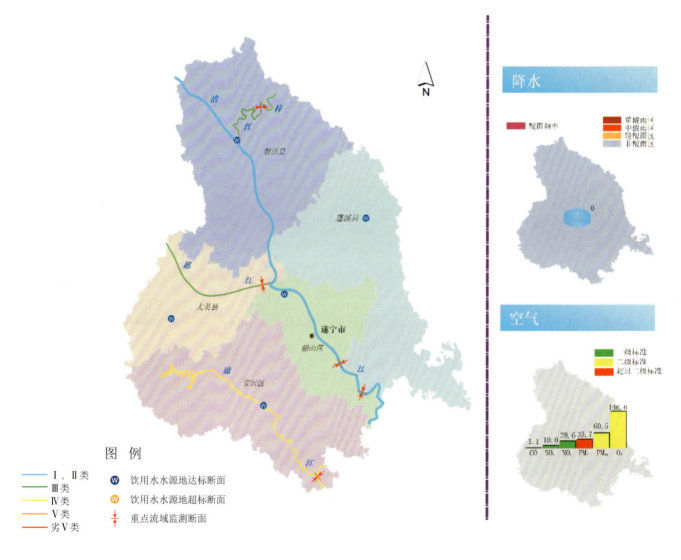

遂宁市环境质量状况示意图

内江市环境质量状况

水环境　地表水总体水质为轻度污染。5个国、省控断面中，良好（Ⅲ类）水质断面为60.0%。球溪河的球溪河口断面、威远河的廖家堰断面为轻度污染。

城区（市中区和东兴区）、资中县、威远县、隆昌县饮用水水源地水质达标率均为100%。

环境空气　优良天数比例为81.4%，颗粒物（PM$_{2.5}$）超标。

非酸雨区，降水pH年均值为6.10。

声环境　区域声环境昼间和夜间质量状况均为一般。道路交通声环境昼间质量状况为一般，夜间质量状况为好。功能区噪声昼间点次达标率为100%，夜间点次达标率为71.4%。

生态环境　生态环境质量为"良"。

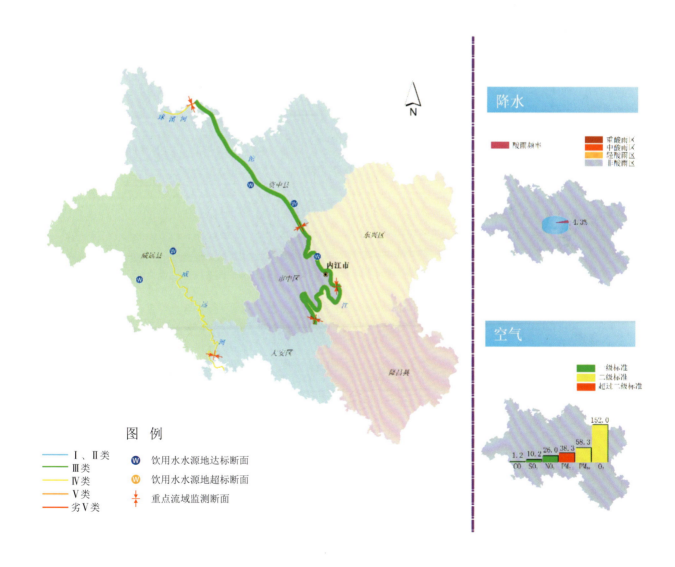

内江市环境质量状况示意图

乐山市环境质量状况

水环境 地表水总体水质为良好。8个国、省控断面中，优良（Ⅱ～Ⅲ类）水质为87.5%。茫溪河茫溪大桥断面为轻度污染。

城区（市中区和沙湾区）、五通桥区、金口河区、犍为县、井研县、夹江县、沐川县、峨眉山市、峨边彝族自治县、马边彝族自治县饮用水水源地水质达标率均为100%。

环境空气 优良天数比例为80.3%，颗粒物（PM$_{2.5}$）超标。

非酸雨区，降水pH年均值为7.07。

声环境 区域声环境昼间质量状况为较好，夜间质量状况为一般。道路交通声环境昼间和夜间质量状况均为好。功能区噪声昼间点次达标率为100%，夜间点次达标率为96.4%。

生态环境 生态环境质量为"优"。

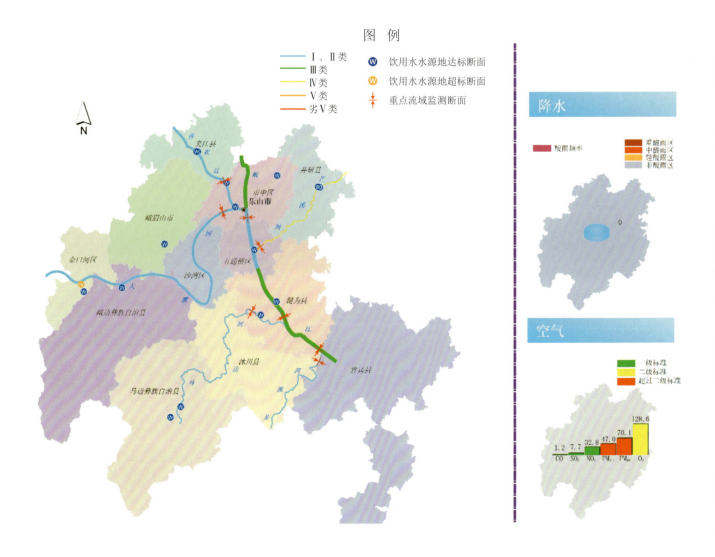

乐山市环境质量状况示意图

南充市环境质量状况

水环境 地表水总体水质为良好。6个国、省控断面中，优良（Ⅱ～Ⅲ类）水质为83.3%。西充河彩虹桥断面为轻度污染。

升钟水库水质为优。

城区（高坪区、嘉陵区和顺庆区）、阆中市、南部县、营山县、蓬安县、仪陇县、西充县饮用水水源地水质达标率均为100%。

环境空气 优良天数比例为80.0%，颗粒物（PM_{10}）、颗粒物（$PM_{2.5}$）超标。

非酸雨区，降水pH年均值为6.38。

声环境 区域声环境昼间和夜间质量状况均为较好。道路交通声环境昼间和夜间质量状况均为好。功能区噪声昼间点次达标率为97.5%，夜间点次达标率为95.0%。

生态环境 生态环境质量为"良"。

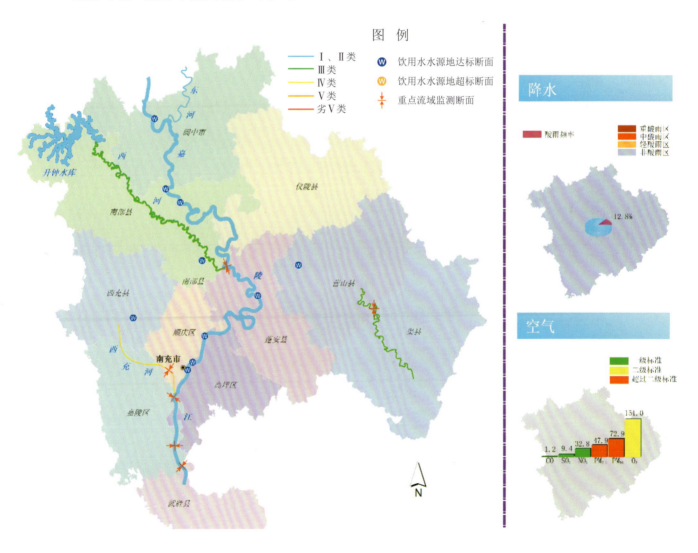

南充市环境质量状况示意图

宜宾市环境质量状况

水环境　地表水总体水质为优。9个国、省控断面中，优良（Ⅱ～Ⅲ类）水质为100%。

城区（翠屏区）、宜宾县、南溪区、江安县、长宁县、高县、珙县、兴文县、屏山县和筠连县饮用水水源地水质达标率均为100%。

环境空气　优良天数比例为71.5%，颗粒物（PM_{10}）、颗粒物（$PM_{2.5}$）超标。

非酸雨区，降水pH年均值为6.44。

声环境　区域声环境昼间质量状况为较好，夜间质量状况为一般。道路交通声环境昼间质量状况为好，夜间质量状况为较好。功能区噪声昼间点次达标率为87.5%，夜间点次达标率为70.3%。

生态环境　生态环境质量为"良"。

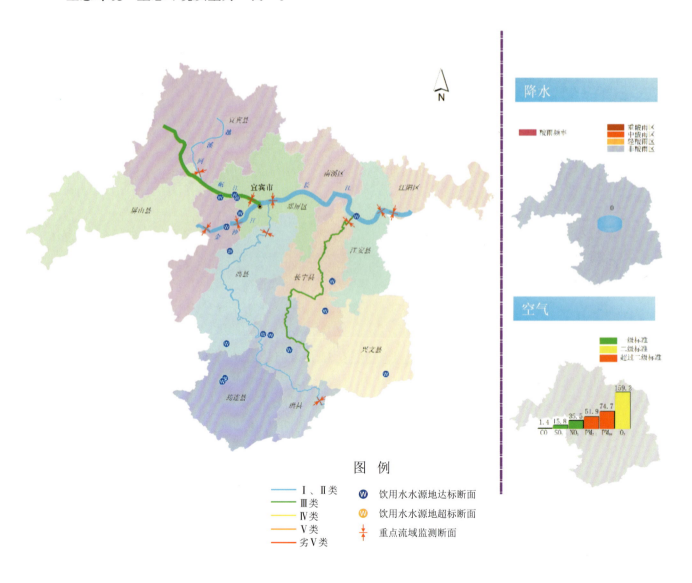

宜宾市环境质量状况示意图

广安市环境质量状况

水环境　地表水总体水质为优。6个国、省控断面中，优良（Ⅱ～Ⅲ类）水质为100%。大洪湖水质受到轻度污染。

城区（广安区）、前锋区、岳池县、武胜县、邻水县、华蓥市饮用水水源地水质达标率均为100%。

环境空气　优良天数比例为84.1%，颗粒物（PM~2.5~）超标。

非酸雨区，降水pH年均值为5.81。

声环境　区域声环境昼间和夜间质量状况均为较好。道路交通声环境昼间和夜间质量状况均为好。功能区噪声昼间点次达标率为100%，夜间点次达标率为100%。

生态环境　生态环境质量为"良"。

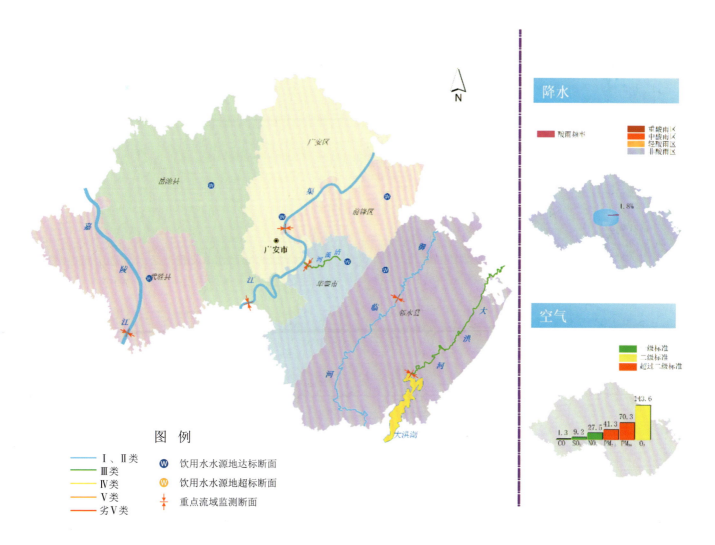

广安市环境质量状况示意图

达州市环境质量状况

水环境　地表水总体水质为优。9个国、省控断面中，优良（Ⅱ～Ⅲ类）水质为100%。

城区（通川区）、达川区、宣汉县、大竹县、渠县、开江县和万源市饮用水水源地水质达标率均为100%。

环境空气　优良天数比例为80.8%，颗粒物（PM$_{10}$）、颗粒物（PM$_{2.5}$）超标。

非酸雨区，降水pH年均值为6.33。

声环境　区域声环境昼间和夜间质量状况均为一般。道路交通声环境昼间质量状况为一般，夜间质量状况为差。功能区噪声昼间点次达标率为72.2%，夜间点次达标率为44.4%。

生态环境　生态环境质量为"良"。

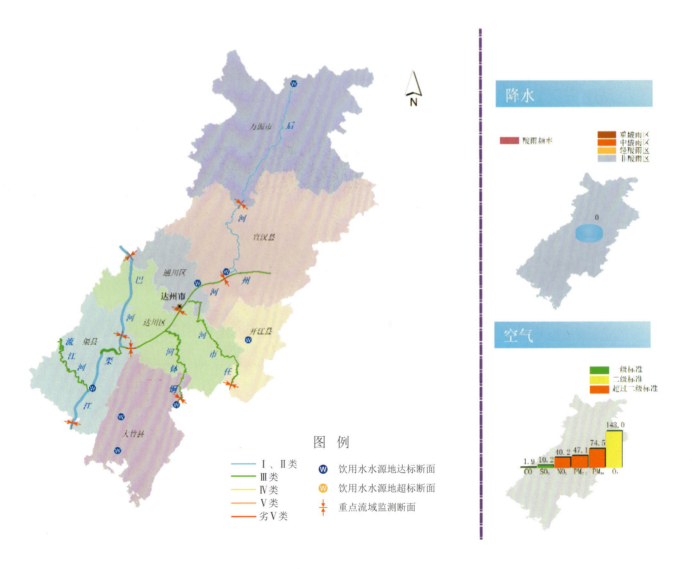

达州市环境质量状况示意图

雅安市环境质量状况

水环境 地表水总体水质为优。3个国、省控断面中，优（Ⅱ类）水质为100%。

瀑布沟水库水质为良好。

城区（雨城区）、名山区、荥经县、汉源县、石棉县、天全县、芦山县、宝兴县饮用水水源地水质达标率为100%。

环境空气 优良天数比例为87.4%，颗粒物（PM$_{2.5}$）超标。

非酸雨区，降水pH年均值为6.40。

声环境 区域声环境昼间和夜间质量状况均为较好。道路交通声环境昼间和夜间质量状况均为好。功能区噪声昼间点次达标率为100%，夜间点次达标率为82.1%。

生态环境 生态环境质量为"优"。

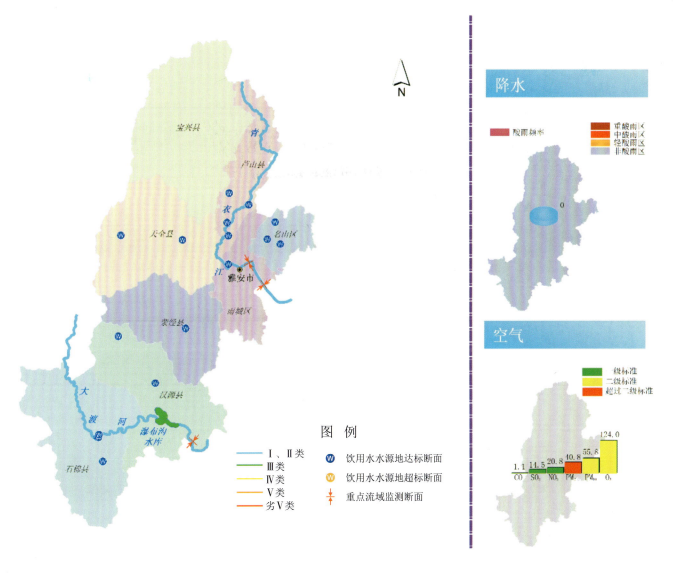

雅安市环境质量状况示意图

41

资阳市环境质量状况

水环境　地表水总体水质为轻度污染。7个国、省控断面中，良好（Ⅲ类）水质断面为57.1%。九曲河的九曲河大桥断面为重度污染，阳化河的巷子口断面、琼江的跑马滩断面为轻度污染。

老鹰水库水质为良好。

城区（雁江区）、安岳县饮用水水源地水质达标率均为100%，乐至县饮用水水源地水质达标率为75.9%。乐至县孔雀龙凤村部分时段总磷、高锰酸盐指数超标，孔雀广盐村部分时段氨氮、总磷、高锰酸盐指数超标。

环境空气　优良天数比例为79.7%，颗粒物（PM₂.₅）超标。

非酸雨区，降水pH年均值为6.19。

声环境　区域声环境昼间和夜间质量状况均为较好。道路交通声环境昼间质量状况为较好，夜间质量状况为好。功能区噪声昼间点次达标率为100%，夜间点次达标率为100%。

生态环境　生态环境质量为"良"。

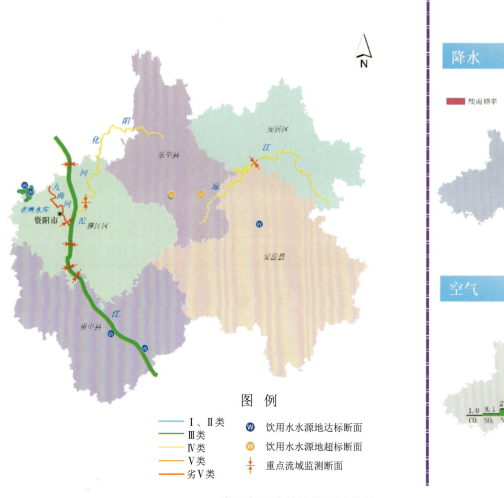

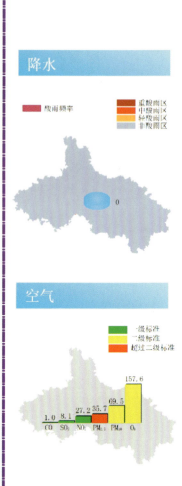

图　例

Ⅰ、Ⅱ类　　　　Ⓦ　饮用水水源地达标断面
Ⅲ类　　　　　　Ⓦ　饮用水水源地超标断面
Ⅳ类　　　　　　✛　重点流域监测断面
Ⅴ类
劣Ⅴ类

资阳市环境质量状况示意图

眉山市环境质量状况

水环境 地表水总体水质为轻度污染。13个国、省控断面中，优良（Ⅱ～Ⅲ类）水质为46.2%。体泉河口断面、球溪河北斗断面为重度污染，毛河桥江桥断面、球溪河发轮河口断面为中度污染，金牛河口断面、思蒙河口断面、越溪河佳乡黄龙桥断面为轻度污染。

黑龙滩水库水质为良好。

城区（东坡区）、彭山区、洪雅县、青神县、丹棱县饮用水水源地水质达标率均为100%。仁寿县饮用水水源地水质达标率为69.7%，仁寿县拦砂坝部分时段总磷指数超标。

环境空气 优良天数比例为78.1%，颗粒物（$PM_{2.5}$）、臭氧超标。

非酸雨区，降水pH年均值为6.70。

声环境 区域声环境昼间和夜间质量状况均为一般。道路交通声环境昼间和夜间质量状况均为好。功能区噪声昼间点次达标率为100%，夜间点次达标率为91.7%。

生态环境 生态环境质量为"良"。

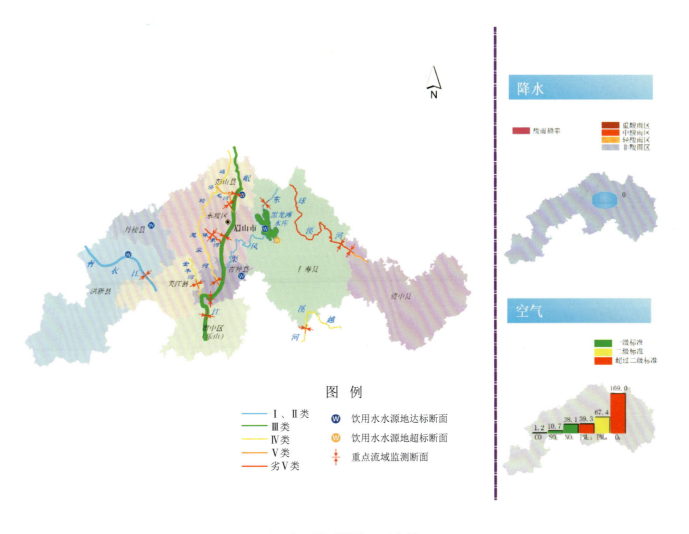

眉山市环境质量状况示意图

阿坝州环境质量状况

水环境　地表水总体水质为优。9个国、省控断面水质均为优（Ⅰ~Ⅱ类）。

马尔康市、阿坝县、汶川县、理县、茂县、松潘县、红原县、九寨沟县、金川县、黑水县、小金县、壤塘县、若尔盖县饮用水水源地水质达标率均为100%。

环境空气　空气质量Ⅱ级，优良天数比例为99.7%。

非酸雨区，降水pH年均值为7.32。

声环境　区域声环境昼间和夜间质量状况均为较好。道路交通声环境昼间和夜间质量状况均为好。功能区噪声昼间点次达标率为100%，夜间点次达标率为100%。

生态环境　生态环境质量为"良"。

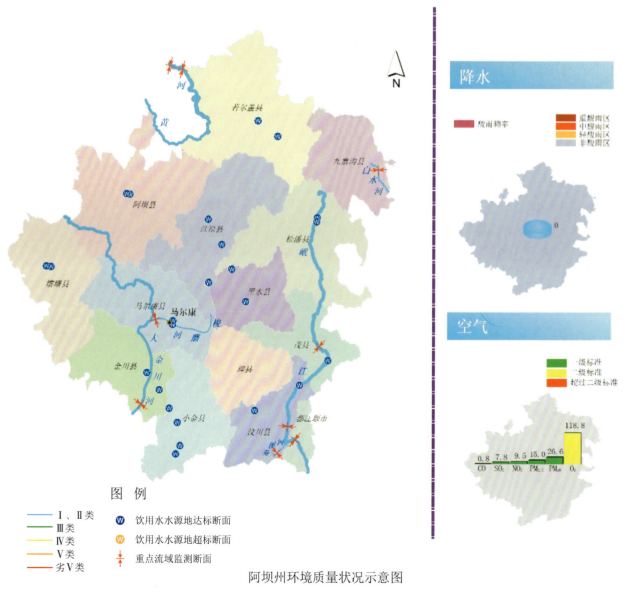

图　例

── Ⅰ、Ⅱ类	Ⓦ 饮用水水源地达标断面
── Ⅲ类	Ⓦ 饮用水水源地超标断面
── Ⅳ类	✳ 重点流域监测断面
── Ⅴ类	
── 劣Ⅴ类	

阿坝州环境质量状况示意图

甘孜州环境质量状况

水环境 地表水总体水质为优。4个国、省控断面水质均为优（Ⅰ～Ⅱ类）。

康定市、炉霍县、九龙县、甘孜县、新龙县、德格县、白玉县、石渠县、色达县、巴塘县、理塘县、乡城县、稻城县、得荣县、雅江县、泸定县、丹巴县和道孚县饮用水水源地水质达标率均为100%。

环境空气 空气质量Ⅱ级，优良天数比例为99.4%。

非酸雨区，降水pH年均值为6.71。

声环境 区域声环境昼间和夜间质量状况均为较好。道路交通声环境昼间和夜间质量状况均为好。功能区噪声昼间点次达标率为100%，夜间点次达标率为100%。

生态环境 生态环境质量为"良"。

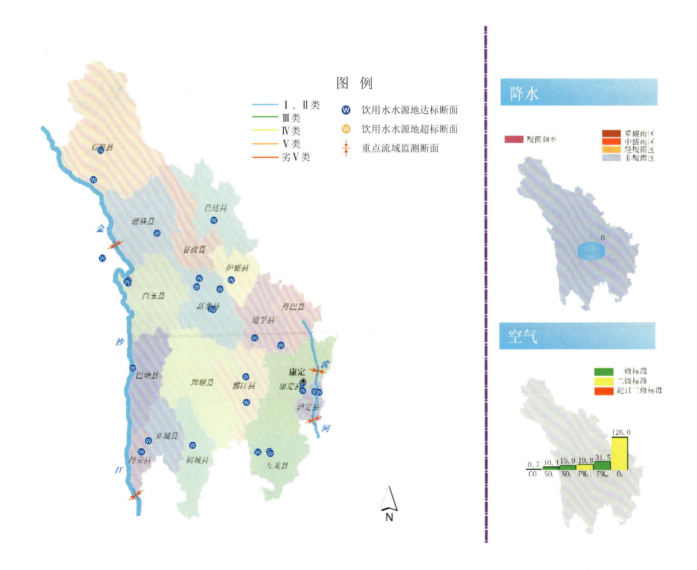

甘孜州环境质量状况示意图

凉山州环境质量状况

水环境 地表水总体水质为优。5个国、省控断面水质均为优（Ⅱ类）。

邛海、泸沽湖水质为优。

西昌市、盐源县、德昌县、会理县、会东县、宁南县、普格县、金阳县、昭觉县、喜德县、冕宁县、越西县、布拖县、甘洛县、美姑县、雷波县、木里藏族自治县饮用水水源地水质达标率均为100%。

环境空气 空气质量Ⅱ级，优良天数比例为98.4%。

非酸雨区，降水pH年均值为6.74。

声环境 区域声环境昼间和夜间质量状况均为较好。道路交通声环境昼间和夜间质量状况均为好。功能区噪声昼间点次达标率为100%，夜间点次达标率为100%。

生态环境 生态环境质量为"优"。

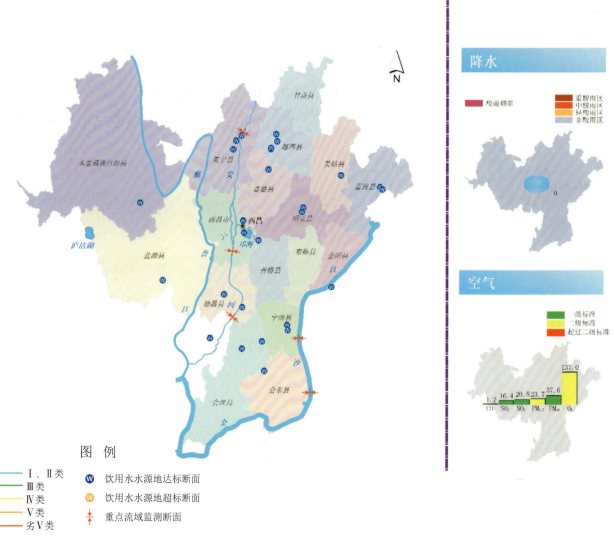

凉山州环境质量状况示意图